NOTICE

SUR LES EAUX MINÉRALES

DU

PETIT-ROCHER

A CHATEAUNEUF-LES-BAINS (Puy-de-Dôme)

Par Étienne FINOT

Sous-Directeur de la Station agronomique du Centre,
Préparateur de chimie à la Faculté des sciences de Clermont-Ferrand,
Lauréat de l'Académie des sciences, belles-lettres et arts de la même ville.

RIOM

IMPRIMERIE DE G. LEBOYER, RUE PASCAL, 3.

—

1877

NOTICE

sur les Eaux minérales

DU

PETIT-ROCHER

A CHATEAUNEUF-LES-BAINS (Puy-de-Dôme).

———◦◇◦———

Châteauneuf-les-Bains est situé sur les bords de la Sioule, dans le canton de Manzat, à 30 kilomètres de Riom. Cette station thermale, l'une des plus pittoresques de l'Auvergne, est aussi l'une des plus riches en eaux minérales. Actuellement, on compte 17 sources captées, mais leur nombre est bien plus considérable; l'eau minérale se trouve partout à Châteauneuf, les dégagements d'acide carbonique accusent même sa présence dans le lit de la rivière. Toutes ces sources jaillissent le long de la Sioule et sont disséminées sur une étendue d'environ trois kilomètres. Le terrain de Châteauneuf est formé de granite et de filons de porphyre.

Depuis longtemps les eaux de Châteauneuf ont attiré l'attention des chimistes.

En 1810, Bertrand père s'occupe de leur composition ; Vallet, pharmacien de Paris, reprend bientôt ses études et fait connaître la composition de douze sources. Quelques années plus tard, Lecoq et Salneuve font de nouvelles analyses. En 1845, dans un remarquable travail sur les eaux minérales du Puy-de-Dôme, le docteur Nivet, de Clermont-Ferrand, fait connaître la composition des eaux du Grand-Bain chaud. Enfin, en 1855, M. J. Lefort, pharmacien à Paris, recommence les travaux de ses devanciers et donne l'analyse de quatorze sources (1).

Dans cette notice, nous n'étudierons que les sources du hameau des Bordats, exploitées par M. Henry Richard, dans son établissement du Petit-Rocher.

Elles sont au nombre de quatre :

1° Source Chevarier ;
2° Fontaine du Petit-Rocher ;
3° Bain du Petit-Rocher ;
4° Source Marie-Louise.

Les trois premières sources sont exploitées depuis long-temps, et leur composition a été établie avec beaucoup de soins par M. Lefort ; aussi lui emprunterons-nous ce qu'il a écrit sur ce sujet. Quant à la source Marie-Louise, découverte depuis quelques mois seulement, nous allons donner l'analyse que nous venons d'en faire sur la demande de M. Richard.

Le hameau des Bordats, situé sur la rive gauche de la Sioule, est traversé par le ruisseau des Cubes. C'est sur la rive gauche et à une très-petite distance du ruisseau que jaillit l'eau minérale de la source Marie-Louise. Elle arrive

---

(1) *Etudes physiques et chimiques des eaux minérales et thermales de Châteauneuf*, J. Lefort, Paris, 1855.

en bouillonnant dans un bassin d'un mètre cinquante centimètres de diamètre; elle laisse alors échapper dans l'atmosphère des quantités considérables d'acide carbonique, renfermant une petite proportion d'hydrogène sulfuré.

PROPRIÉTÉS PHYSIQUES DE L'EAU.

La température de l'eau, déterminée le 4 février 1877, était de 34°; le même jour, avec le même instrument, nous avons trouvé que la température de l'eau de la piscine du Grand-Bain chaud n'était que de 33°,5 au lieu de 37°, comme l'a indiqué M. Lefort, en 1855. La source Marie-Louise est donc la plus chaude de Châteauneuf.

Au sortir de la terre, les eaux sont parfaitement limpides et incolores; après quelque temps de séjour à l'air, elles louchissent d'une manière visible.

Abandonnées dans des vases bouchant hermétiquement, elles déposent une petite quantité de carbonates de chaux et de magnésie et une partie de leur fer. Leur saveur est aigrelette, puis saline ; leur odeur est sulfureuse.

Par l'agitation, elles laissent dégager une grande quantité de gaz. Quand on y plonge la main, elle se recouvre de bulles d'acide carbonique. Par l'action de la chaleur, cette eau laisse dégager de l'acide carbonique, puis se trouble et abandonne une poudre de couleur grisâtre.

ACTION DES RÉACTIFS.

On a recherché :

Le *chlore*, en traitant l'eau par l'azotate d'argent additionné d'acide azotique; il s'est formé immédiatement un précipité de chlorure d'argent.

L'iode : on a précipité cinq litres d'eau par le nitrate d'argent en présence de l'acide azotique; il s'est formé un précipité qui devait contenir l'iode existant dans l'eau. Le précipité recueilli sur un filtre est traité par l'eau de chlore, on filtre encore, dans la liqueur on ajoute de la potasse pure, on évapore, calcine, puis on reprend par l'alcool; la dissolution alcoolique évaporée est traitée par l'eau, on ajoute un peu d'empois d'amidon, quelques gouttes d'une dissolution d'azotite de potasse et un peu d'acide sulfurique étendu; il ne s'est pas produit la moindre coloration bleue ou violacée, indice de la présence de l'iode.

L'hydrogène sulfuré : on verse dans l'eau quelque gouttes de soude et de nitro-prussiate de soude ; faible coloration en violet rouge.

L'arsenic : Au moyen de l'appareil de Marsh, sur le résidu de l'évaporation de dix litres d'eau, cette eau ne renferme que des traces d'arsenic.

L'acide sulfurique : par l'action du chlorure de baryum en présence de l'acide chlorhydrique, on a un précipité blanc de sulfate de baryte.

La chaux : par l'oxalate d'ammoniaque qui donne un précipité blanc d'oxalate de chaux.

La magnésie : dans la liqueur séparée de l'oxalate de chaux, l'addition d'ammoniaque et de phosphate de soude donne un léger précipité de phosphate ammoniaco-magnésien.

Le fer : L'eau traitée par quelques gouttes d'acide azotique et de sulfocyanure de potassium se colore en rouge faible, indice de la présence du fer.

Le manganèse : On traite à chaud, par l'acide azotique, le résidu calciné de l'évaporation d'une grande quantité d'eau, puis on ajoute un peu de minium et il se produit une coloration rouge par suite du permanganate formé.

La potasse, la soude et la lithine : par un examen au spectroscope.

Les matières organiques : par la calcination du résidu de l'évaporation de l'eau.

ANALYSE QUANTITATIVE.

Nous n'insisterons pas sur les procédés que nous avons employés pour isoler chacune des parties élémentaires de ces eaux (1), mais nous tenons à appeler l'attention des chimistes sur certains procédés rapides et rigoureux qui peuvent rendre de grands services aux personnes qui s'occupent d'analyses d'eaux. Nous voulons parler du dosage de l'oxygène et de la lithine.

Les procédés qui servent ordinairement à doser l'oxygène

(1) Voir *Etude sur les eaux potables du Puy-de-Dôme* p. 34 et suiv. par E. Finot. — Riom, 1877.

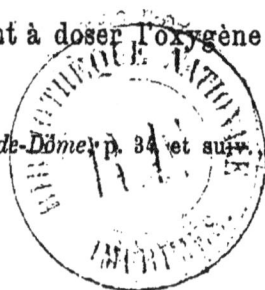

en dissolution dans les liquides ne sont pas satisfaisants. Quand on emploie le procédé de Priestley, on ne connaît pas exactement le volume du liquide sur lequel on opère. Quand on se sert du vide, les résultats sont bons, mais, dans ce cas comme dans le précédent, les opérations sont longues et ne peuvent pas s'exécuter près d'une source, à la campagne, loin d'un laboratoire. La proportion des gaz dissous varie à chaque instant. Un changement de température, même léger, une variation barométrique, une altération dans la composition saline ou organique de l'eau, une simple agitation suffisent pour changer les proportions de gaz.

Il n'est pas rare de voir figurer une proportion notable d'oxygène dans l'analyse d'une eau ferrugineuse ou sulfureuse; cela indique des opérations fautives. — Le procédé de dosage que nous ne saurions trop recommander a été imaginé par M. A. Gérardin. Il emploie une liqueur titrée d'hydrosulfite de soude. — Si dans un litre d'eau privée d'oxygène et colorée par une petite quantité de bleu Coupier, on ajoute quelques gouttes d'hydrosulfite, il y aura immédiatement décoloration. — Si l'eau est aérée, il faudra, pour obtenir le même résultat, ajouter d'autant plus d'hydrosulfite que l'eau renferme plus d'oxygène. D'après cela, connaissant le titre de la dissolution d'hydrosulfite, on voit qu'un dosage s'exécutera aisément. Le titre est fixé au moyen d'une liqueur ammoniacale de sulfate de cuivre.

Depuis les belles découvertes de Kirchhoff et Bunzen, on constate facilement la présence de la lithine dans les eaux minérales, mais de là au dosage, il y a loin, et nous ne croyons pas exagérer en disant que le lithium est un des corps les plus difficiles à évaluer quantitativement.

Mais avant d'aller plus loin, nous devons faire connaître quelques-unes des propriétés de ce corps: Le lithium a été découvert par Arfwedson en analysant la pétalite (silicate d'alumine et de lithine). Son oxyde, la lithine, vient se placer à côté de la potasse et de la soude : c'est un alcali. Depuis, on a rencontré la lithine dans un grand nombre de minéraux. Mais c'est seulement en 1824 que sa présence fut constatée dans une eau minérale, celle de Carlsbad, par Berzélius. Plus tard, M. Marchand, de Fécamp, constata sa présence dans un grand nombre d'eaux potables, nous-mêmes l'avons rencontrée dans toutes les eaux du Puy-de-Dôme que nous avons analysées (1).

M. Truchot, le savant professeur à la Faculté des sciences de Clermont, en analysant les terres de la Limagne d'Auvergne, fut frappé de la quantité considérable de lithine qui s'y trouve ; il eut alors l'idée de rechercher cet alcali dans les eaux minérales que l'on trouve en si grande abondance dans ce pays. M. Truchot a constaté que les eaux de Châteauneuf étaient celles du département qui renfermaient la plus grande proportion de lithine ($0^g,035$ de chlorure de lithium par litre).

Comme je le disais plus haut, la lithine est très-difficile à doser ; mais l'éminent professeur est arrivé à l'évaluer avec une rapidité et une précision remarquables. Voici du reste la description de son procédé (2).

« On peut doser en quelques minutes, à deux ou trois milligrammes près, la proportion de lithine contenue dans une eau minérale. On a préparé des solutions types de chlorure de lithium contenant, par exemple, 5, 10, 15 et jusqu'à 40

(1) L'eau potable de Vichel, près de St-Germain-Lembron, ne nous a toutefois pas donné trace de lithine.

(2) *De la lithine dans les eaux minérales de Royat*, par MM. Truchot et Fredet, p. 13. Paris, 1875.

milligrammes de ce sel par litre d'eau. Le fil de platine, qui sert à introduire une goutte de la liqueur dans la flamme au-devant de la fente du spectroscope, est très-fin et contourné en hélice, de manière à former à son extrémité un petit cylindre creux qui retient toujours une goutte du même volume. On le trempe dans l'eau minérale et un aide l'introduit dans la flamme, pendant qu'on observe l'intensité et la durée de la raie rouge ; puis, cette raie ayant disparu, on répète l'expérience, après avoir plongé le fil de platine dans une des solutions types, en ayant la précaution de placer ce même fil dans la même partie de la flamme (sur le bord et non au centre) ; la durée du phénomène ne change pas et l'intensité de la raie montre facilement si on a choisi le type correspondant à la richesse réelle de l'eau essayée. On y arrive au bout de quelques tâtonnements et en croisant les observations. Des différences de 2 à 3 milligrammes de chlorure de lithium par litre sont sensibles et la présence de sels de potasse, de soude ou de chaux ne nuit pas à l'observation. »

Inutile de dire qu'un grand nombre de vérifications du procédé ont été faites par M. Truchot, et qu'il a trouvé que les déterminations spectroscopiques étaient très-satisfaisantes.

Composition chimique de l'eau de la source Marie-Louise.

Température : 34 degrés.

Azote . . . . $4^{cc},20$
Oxygène . . . . $0^{cc},31$
Silice . . . . $0^{g},0898$
Chlore 0,1758

Acide carbonique. . 2,8688
— sulfurique . . 0,1625
— sulfhydrique. traces
— phosphorique. 0,0004
— crénique. . . traces.
Potasse 0,0733
Soude. 0,8791
Chaux. 0,1505
Magnésie 0,0414
Lithine 0,0058
Alumine. 0,0012
Protoxyde de fer . . 0,0045
Manganèse . . . . . traces.
Arsenic. . . . . . . traces.
Matières organiques. traces.
Résidu desséché à 200° 2^g,1520

Ces nombres, convertis en combinaisons salines, représentent :

Bicarbonate de soude . . . . 1^g,5129
— potasse 0,1419
— chaux. 0,3870
— magnésie 0,1335
— protoxyde de fer. 0,0100
Sulfate de soude. 0,2884
Phosphate de soude. 0,0009
Chlorure de sodium. 0,2414
Chlorure de lithium. 0,0350
Arséniate de soude. . . . . traces.
Crénate de fer. . . . . traces.
Silice 0,0898
Alumine. 0,0012
Manganèse. . . . . traces.
Acide carbonique libre. 1,5796

Source Chevarier.

Très-près de la source Marie-Louise, en remontant le cours du ruisseau des Cubes, se trouve la source Chevarier. Son nom lui vient de l'ancien possesseur de Châteauneuf, M. Chevarier. Le 5 février 1877, la température de la·source Chevarier était de 25°4, au lieu de 30° comme l'a indiqué M. Lefort. Son débit est très-faible; son eau est employée en boisson. Elle a été analysée par Bertrand, puis par Vallet, et enfin en 1855 par M. J. Lefort.

Voici les résultats publiés par ce chimiste :

Acide carbonique libre	1ᵍ,512
Acide sulfhydrique libre	traces.
Bicarbonate de soude.	0,772
— potasse.	0,426
— chaux	0,228
— magnésie.	0,101
— protoxyde de fer. .	0,010
Sulfate de soude	0,186
Chlorure de sodium.	0,173
Arséniate de soude.	traces.
Crénate de fer	indices.
Silice.	0,078
Alumine.	traces.
Lithine.	traces (1).
Matières organiques	indices.

(1) D'après M. Truchot, 0 gr. 035 de chlorure de lithium par litre.

Fontaine du Petit-Rocher.

Son point d'émergence est très-rapproché des sources précédentes; elle jaillit à peu près au milieu de la distance qui sépare la source Marie-Louise de l'hôtel du Petit-Rocher. L'eau de la fontaine du Petit-Rocher est limpide, incolore, inodore, d'une saveur acidule très-agréable; quand on l'agite, elle pétille en dégageant une grande quantité d'acide carbonique. Placée dans des bouteilles bien bouchées, elle se conserve parfaitement sans abandonner le moindre dépôt. Grâce à cette propriété et à la grande quantité d'acide carbonique qu'elle tient en dissolution (de toutes les eaux minérales de Châteauneuf, c'est la plus riche en gaz carbonique), elle est expédiée et recherchée au dehors.

Pendant la saison des bains, c'est la source du Petit-Rocher qui est la plus fréquentée de Châteauneuf. Voici l'analyse qui en a été faite en 1855 par M. J. Lefort :

Acide carbonique libre	2^g,024
Acide sulfhydrique libre	»
Bicarbonate de soude.	0,528
— potasse.	0,539
Bicarbonate de chaux.	0,545
— magnésie.	0,126
— protoxyde de fer. .	0,042
Sulfate de soude	0,271
Chlorure de sodium.	0,283
Arséniate de soude.	traces.
Crénate de fer.	indices.
Silice	0,100

Alumine. . . . .   traces.

Lithine . . . .   traces (1).

Matières organiques . . . .   indices.

Bain du Petit-Rocher.

La source du Bain du Petit-Rocher est située à côté de la Fontaine du Petit-Rocher, en descendant le cours du ruisseau des Cubes. Son eau est incolore ; mais exposée à l'air, elle louchit d'une manière sensible ; sa saveur est acidule, elle répand une odeur prononcée d'hydrogène sulfuré. La source est placée dans un bâtiment et alimente deux piscines ; son débit est de 70 à 75 litres d'eau à la minute, et sa température de 24 à 25 degrés centigrades, d'après M. Lefort. Le 5 février 1877, nous lui avons trouvé une température de 28°2.

Voici l'analyse de M. J. Lefort :

Acide carbonique libre	1^g,155
Acide sulfhydrique libre	traces.
Bicarbonate de soude.	0,915
— potasse.	0,430
— chaux	0,408
— magnésie.	0,175
— protoxyde de fer. .	0,022
Sulfate de soude	0,428
Chlorure de sodium.	0,340
Arséniate de soude	traces.

(1) M. Truchot a trouvé 0 gr. 035 de chlorure de lithium dans un litre d'eau.

Crénate de fer . . . . indices.
Silice. 0,095
Alumine. . . . . traces.
Lithine . . . . traces (1).
Matières organiques . . . . indices.

PROPRIÉTÉS MÉDICALES.

L'emploi des eaux de Châteauneuf remonte probablement à l'époque où les Romains firent la conquête de la Gaule, comme l'atteste la découverte d'anciennes baignoires, de médailles et de pièces de monnaie. Tombée dans l'oubli pendant tout le moyen-âge, cette station n'a pas encore reconquis la place où devaient l'élever les vertus curatives de ses eaux, et cela à cause de son installation vraiment insuffisante. Aussi est-il à désirer qu'aujourd'hui où toutes nos villes d'eaux d'Auvergne sont pour ainsi dire transformées, l'on finisse enfin par jeter les yeux sur ces thermes dont les sources si efficaces ne demandent qu'à répandre leurs bienfaits sur les infortunés malades. Que de beaux et confortables hôtels s'élèvent, que de spacieux établissements thermaux soient construits, que de larges et nombreux chemins soient ouverts, et nous ne doutons pas qu'une affluence considérable d'étrangers n'accoure aussitôt auprès de ces bains.

Un grand nombre de sources jaillissent à Châteauneuf, leurs vertus thérapeutiques ont été mises en lumière par les

(1) Cette eau renferme, d'après M. Truchot, 0 gr. 035 de chlorure de lithium par litre.

travaux de Salneuve, Nivet; aussi ferons-nous de fréquents emprunts aux publications de ces savants hydrologues; nous mettrons également à profit les intéressantes communications orales qui nous ont été faites par notre ami M. Durif, médecin distingué à Châteauneuf, qui a bien voulu mettre à notre disposition les documents nécessaires pour faire l'histoire médicale de l'Etablissement du Petit-Rocher, le seul dont nous nous occuperons ici.

L'Etablissement du Petit-Rocher, situé au village des Bordats, est à coup sûr le plus complet qui existe dans la station, en ce sens que ses quatre sources : fontaine du Petit-Rocher, fontaine Chevarier, bain du Petit-Rocher, source Marie-Louise, permettent de remplir toutes les indications médicales qui réclament l'emploi des eaux de Châteauneuf. Aussi pouvons-nous poser en principe que tout baigneur arrivant dans cette station est certain de trouver au Petit-Rocher tous les moyens thérapeutiques dont il aura à faire profit, quelle que soit la maladie dont il soit atteint. Le Petit-Rocher se suffit à lui-même. Les fontaines sont les plus gazeuses de la station; des bains chauds et froids sont administrés; l'installation prochaine de bains et douches d'acide carbonique permettra enfin d'utiliser cette médication purement gazeuse justement en honneur chez les Allemands.

Le gaz carbonique est en effet pour nous un agent qui joue un rôle prépondérant à Châteauneuf; ce corps, dont les propriétés thérapeutiques ont été si bien étudiées par Herpin de Metz, n'en est plus à faire ses preuves dans le traitement des affections traitées par les eaux dont nous nous occupons. Ses effets physiologiques nous permettent de l'envisager comme un agent d'abord excitant, puis sédatif du système nerveux; après avoir aussi augmenté au début les battements du cœur, il modère et régularise la circulation. Le gaz carbonique a aussi une action marquée sur les voies digestives. Les eaux gazeuses, après avoir été ingérées, font naître au creux épigastrique un sentiment de chaleur agréable qui se répand bientôt dans tous les organes abdominaux; elles exercent sur les muqueuses stomacales et abdominales une légère action excitante en même temps que tonique qui augmente le jeu des fonctions digestives et les régularise. Aussi ajoutons-nous une grande importance à la quantité relativement considérable de gaz en dissolution que renferme la fontaine du Petit-Rocher; cette fontaine est celle dont l'eau est la plus chargée en acide carbonique libre, de même que le bain du Petit-Rocher et Marie-Louise sont les sources d'où se dégagent le plus de principes gazeux.

Il est utile de faire ressortir les avantages que l'on peut retirer de la présence du gaz carbonique dans ces bains. Lorsqu'un malade se plonge dans le bain froid du Petit-Rocher, de nombreuses bulles de gaz viennent s'attacher à la surface cutanée; le baigneur éprouve, après la première impression de froid, la sensation d'une chaleur douce et agréable, qui bientôt s'accompagne de fourmillements et de picotements; la peau est excitée par le gaz; les glandes sébacées, les follicules sudoripares secrètent leurs produits en abondance; il se fait dans tout l'appareil cutané un travail exagéré qui ne laissera pas que de présenter une grande utilité comme agent de dérivation.

Si à la présence d'une quantité notable de gaz carbonique dans la source Marie-Louise, qui jaillit à gros bouillons, nous ajoutons l'avantage d'une température relativement élevée, nous pouvons en déduire qu'un bain pris dans cette source, sera celui qui donnera les meilleurs résultats comme excitation du système cutané, et par suite comme dérivation. L'eau de la source Marie-Louise est à 34°, tandis que celle du Grand Bain chaud n'est qu'à 33°,5. Si donc l'intelligent propriétaire du Petit-Rocher, par une installation facile, veut bien disposer les piscines du nouveau bain, de façon à ce que tout le gaz qui s'échappe de la source traverse la couche liquide des baignoires avant de se répandre dans l'air, il donnera une puissance thérapeutique bien plus grande au bain dont il vient de doter la station de Chateauneuf. Herpin dit, en effet, qu'après quelques minutes d'immersion dans un bain à 28°, que traversent des bulles d'acide carbonique, on croit être plongé dans l'eau à 34°. Qu'à Châteauneuf les piscines soient construites au dessus de la source Marie-Louise, et l'on aura ainsi les bains bouillonnants que Piderit avait créés à Meinberg.

Nous conseillerons aussi à M. Henry Richard d'installer des bains et douches d'acide carbonique; il pourra ainsi faire profiter sa nombreuse clientèle de l'action puissante qu'a ce gaz sur les membranes muqueuses, de même que sur l'enveloppe cutanée. L'on pourra ainsi donner des douches locales sur les muqueuses utérines dans les cas d'aménorrhée, dysménorrhée, métrite chronique, sur les muqueuses nasale et oculaire dans les cas de coryza et ophthalmie chroniques, sur la peau dans certaines névralgies rebelles. Le gaz, absorbé par l'enveloppe interne et externe du corps, se répandra dans les organes et sera éliminé par les sécrétions pulmonaires, cutanées et urinaires, d'où l'augmentation des crachats, de la sueur, des urines.

Les bains du Petit-Rocher et Marie-Louise seront donc les plus actifs de Châteauneuf et ceux dont l'emploi devra surtout être recherché chaque fois que l'indication médicale commandera d'opérer une révulsion énergique sur le revêtement extérieur du corps et d'augmenter les différentes sécrétions d'économie. De même l'eau de la Fontaine du Petit-Rocher, devra être conseillée aux malades chloro-anémiques. Cette source contient une notable proportion de fer, et l'on sait que les eaux ferrugineuses sont d'autant plus facilement tolérées et absorbées par l'estomac, qu'elles sont en même temps plus gazeuses. Cette association du gaz carbonique et du fer, existe à Châteauneuf, en particulier dans la fontaine du Petit-Rocher.

Mais le caractère prédominant des eaux que nous étudions est d'être alcalines. Ces sources renferment des bicarbonates de soude, de potasse, de chaux, sels auxquels les eaux de Vichy empruntent toute leur énergie ; ces agents, contenus en moindre proportion dans les eaux de Châteauneuf, font que le traitement dans notre station, sera indiqué aux malades qui auraient à redouter l'action souvent trop alcalisante des sources de Vichy ou de Vals. Châteauneuf offrira moins de dangers aux goutteux et rhumatisants, dont l'état général déjà affaibli et ruiné, réclame des eaux reconstituantes et toniques, et non altérantes et dépressives.

Nous n'avons plus qu'à appeler l'attention sur les avantages à retirer de ces sources au point de vue de la forte proportion de lithine qu'elles renferment.

L'analyse spectrale, d'après le procédé connu de notre savant maître, M. Truchot, a montré que les sources du Petit-Rocher contenaient 35 milligrammes de chlorure de lithium et nous ne savons pas que quantité plus forte ait été jamais signalée dans une eau minérale ; d'où la conclusion facile à tirer que ces sources sont celles qui conviennent le mieux au traitement de la goutte et de la gravelle.

En effet, depuis les beaux travaux de Garrod, la lithine est le médicament qui a donné les plus beaux résultats dans le traitement de la diathèse urique et de la goutte chronique. En France, Charcot et Guéneau de Mussy ont beaucoup étudié ce médicament, et n'ont eu qu'à se louer de ses effets thérapeutiques. La propriété caractéristique des sels de lithine, du carbonate, par exemple, est de former en présence de l'urate de soude, sel peu soluble, de l'urate de lithine, qui se dissout beaucoup plus facilement. La lithine administrée chez les goutteux, en augmentant l'activité fonctionnelle des

organes sécréteurs et surtout du rein, s'opposera à la formation de l'urate de soude, due à un trouble des fonctions
rénales, ou le dissoudra lorsqu'il sera formé. « De nombreuses
expériences, dit Garrod, m'ont montré que, bien conduite,
l'administration de la lithine était capable d'empêcher le
retour d'accès de goutte, et j'ai appris de divers malades
qu'ils pouvaient impunément faire usage du vin tant qu'ils
prenaient de cet alcali. On m'a assuré que quelques goutteux
avaient vu disparaître leurs concrétions tophacées sous l'influence prolongée des sels de lithine. » M. Charcot, dans une
lettre adressée à MM. Truchot et Fredet, à l'ouvrage des-
quels nous empruntons ces citations, vient appuyer de son
important témoignage les opinions précédentes. « Les résultats de mon expérimentation, dit-il, se sont montrés tout-à-
fait conformes à ceux annoncés par M. Garrod. J'ai une assez
grande expérience du médicament, ayant l'occasion fréquente
de voir des goutteux, et il est particulièrement précieux chez
les sujets atteints de gravelle urique. »

Ce que les savants médecins que nous venons de citer
disent de la lithine peut s'appliquer aux eaux de Châteauneuf
qui seront administrées avec la plus grande efficacité dans les
cas de gravelle urique; sous leur influence, la formation des
graviers sera entravée, les calculs formés seront dissous;
après une ou plusieurs saisons dans cette station thermale,
l'on verra aussi disparaître les dépôts tophacés qui siégent
autour des articulations, les membres les plus impotents de-
viendront libres et actifs.

Pour passer de la goutte au rhumatisme, il n'y a qu'un
pas à faire; certains auteurs ne font même qu'une seule
maladie des deux affections, qu'ils appellent arthritis; aussi
le rhumatisme est-il traité avec non moins de succès que la
goutte à l'établissement du Petit-Rocher. Avec quelques
douches et bains chauds, l'on réussira presque toujours à

faire disparaître le rhumatisme musculaire chronique. Que le mal occupe les membres supérieurs ou inférieurs, le muscle occipito-frontal; qu'on ait affaire à un lumbago, à une pleurodynie ou à un torticolis, le traitement sera presque toujours efficace. Les résultats seront aussi heureux dans la névralgie faciale, la sciatique et dans quelques paralysies de nature rhumatismale. Dans le rhumatisme articulaire chronique, l'action des eaux sera d'autant plus marquée que les lésions articulaires seront moins avancées. Si l'affection ne consiste qu'en des douleurs fugaces revenant tantôt sur une jointure, tantôt sur une autre, avec plus ou moins de fréquence; s'il n'y a aucune modification anatomique des tissus, la guérison sera presque assurée; probable si les synoviales ne sont qu'épaissies; le succès sera douteux lorsque les cartilages seront usés, érodés, lorsqu'une osteite épiphysaire sera survenue. Les eaux de Châteauneuf sont indiquées dans la forme articulaire chronique appelée rhumatisme noueux caractérisée par le siége des accidents dans les jointures des doigts, par des lésions ostéo-articulaires très-profondes amenant des déformations, des attitudes vicieuses.

Les eaux de Châteauneuf, convenant parfaitement à la goutte et au rhumatisme, s'appliquent aussi aux diverses manifestations de ces deux diathèses. La dyspepsie si fréquente chez les arthritiques, la gastralgie, l'entéralgie seront combattues avec avantage par l'eau de la fontaine du Petit-Rocher, expédiée en grande quantité comme eau de table, les alcalis agissent directement sur la muqueuse digestive par l'eau en boisson, tandis qu'un traitement général, bains douches rétablira les fonctions du système cutané, souvent troublé.

Lorsque l'arthritis se montrera par des éruptions sur la peau, l'on retirera également le plus grand bien d'une saison à Châteauneuf. Salneuve cite des observations de psoriasis, de prurigo, dont les malades ont été guéris par le bain du Petit-Rocher. L'eczéma, le pityriasis, l'acné, l'urticaire seront avantageusement modifiés par l'usage de ces eaux.

Dans un autre ordre d'idées, et alors agissant comme moyen simplement hydrothérapique, les eaux de Châteauneuf seront utiles dans certaines névropathies. De nombreux cas de paralysie, probablement de nature hystériforme, ont été guéris dans cette station ; les sujets débilités, chloro-anémiques seront rapidement tonifiés et reconstitués par les eaux martiales du Petit-Rocher. Enfin, l'aménorrhée, la dysménorrhée, la leucorrhée, la métrite chronique seront le plus souvent améliorées, sinon guéries, à Châteauneuf.

Nous ne saurions terminer cette notice sans adresser nos sincères remerciements à notre ami, le docteur Joal, qui nous a communiqué avec empressement les nombreux documents qu'il possède sur les eaux minérales.

Clermont-Ferrand, le 7 avril 1877.

E. FINOT.

www.ingramcontent.com/pod-product-compliance
Lightning Source LLC
Chambersburg PA
CBHW070218200326
41520CB00018B/5695